LEÇON PHRÉNOLOGIQUE

Du Professeur IMBERT

SUR LA TÊTE

DU SUPPLICIÉ ANTHELME PERRIN

RÉDIGÉE

Par le Docteur DUCHÊNE (de Givors)

PARIS

IMPRIMERIE MOTTEROZ

Rue du Four, 54 *bis*.

—

1879

LEÇON PHRÉNOLOGIQUE

Du Professeur IMBERT

SUR LA TÊTE

DU SUPPLICIÉ ANTHELME PERRIN

RÉDIGÉE

Par le Docteur DUCHÊNE (de Givors)

PARIS

IMPRIMERIE MOTTEROZ

Rue du Four, 54 bis

1879

AVERTISSEMENT

———

Cette Leçon a été réfutée dans un nouveau journal avant d'avoir été publiée. Cette réfutation, qui est l'œuvre d'un homme très versé dans les études philosophiques, est empreinte d'une bienveillance dont l'auteur a été flatté; mais elle ne lui a pas paru de nature à modifier en rien les idées qu'il a émises. Elle contient, du reste, quelques inexactitudes peu nombreuses et inévitables quand il s'agit de saisir au passage des principes émis de vive voix et énoncés avec toute la rapidité d'une leçon orale.

Cet exposé fera connaître, aussi fidèlement que possible, les idées qui ont fait le sujet de cette séance. Il expose, d'une manière abrégée et cependant suffisante, les principes fondamentaux de la physiologie du cerveau et donne le modèle des applications qu'on peut en faire.

Mais ce n'est pas le seul but que nous ayons en la publiant; nous signalerons encore au lecteur une tentative qui nous paraît d'une haute importance, c'est celle de constituer enfin le langage phrénologique. Sans croire, avec Condillac, qu'une science puisse se réduire à une langue bien faite, nous pensons cependant qu'elle ne peut réellement exister qu'à la condition de s'exprimer d'après ses principes, en d'autres termes d'avoir un langage conforme à ses idées. Le but de la phrénologie est l'étude des organes cérébraux et de leurs fonctions ; il ne faut donc pas parler, en phrénologie, le langage de la métaphysique. Par conséquent, nous avons à faire disparaître toutes ces abstractions qui appartiennent à une autre science.

On chercherait vainement ce langage dans les ouvrages de Gall ; il a créé la science, on ne peut pas lui demander davantage. Quant à ceux de Spurzheim, ils sont écrits d'après des vues qui nous paraissent tout à fait en opposition avec le but que la phrénologie doit se proposer. Ce qui l'occupe surtout, c'est la recherche de la faculté. Sa nomenclature indique toujours la faculté à la place de la fonction ; c'est même dans ce dessein que toutes ses dénominations d'organes ont la terminaison *ité* qui, dans notre langue, indique la faculté ; tandis que la terminaison *ion* indique la fonction : tels sont les mots contractilité, contraction, sensibilité, sensation, caloricité, calorification, etc.

Ce que nous venons de dire ici ne doit pas nous faire encourir le reproche de matérialisme. Nous étudions le cerveau, et, dans tous les temps, on l'a cru au moins nécessaire, sinon indispensable, à la manifestation de la pensée. Sommes-nous plus matérialistes parce que nous cherchons à reconnaître quel est le rôle qu'il joue dans ses manifestations ? Sommes-nous plus matérialistes parce que nous admettons que ce cerveau est composé de plusieurs organes, tandis que jusqu'à Gall on le considérait comme un organe unique ? Non, sans doute, l'étude du cerveau et de ses fonctions est très compatible avec l'existence de l'âme, et notre critique a pu dire, sous ce rapport, avec beaucoup de raison, que l'étude de la phrénologie ne dispensait pas de celle de la philosophie.

Nous avons cru devoir donner ces explications pour prévenir, autant qu'il est en nous, des accusations qui éloignent plusieurs bons esprits de ces études importantes et qui nuisent par conséquent à leur progrès.

Passons maintenant à la leçon du professeur.

Messieurs,

Il est très difficile de parler phrénologie devant ceux qui n'ont aucune idée de cette science ou qui ne savent sur elle que les critiques de certains journaux. Il s'agit cependant d'analyser phrénologiquement la tête du malheureux que vous avez sous les yeux. Pour me faire comprendre, je suis forcé d'entrer dans quelques détails préliminaires qui vous feront connaître les principes généraux sur lesquels cette science est fondée.

Nous vous dirons d'abord que tout ce qui est idée, sentiment, instinct, penchant, passion, moral, etc., est une manifestation des fonctions du cerveau.

Il semble qu'on soit généralement d'accord sur ce point, car tout le monde reconnaît qu'on ne peut pas penser sans tête ; et cependant, parcourez nos ouvrages de physiologie et vous verrez qu'il n'en est pas un qui ne place les passions dans les viscères ; l'amour, la bonté, le courage dans le cœur ; la haine, la colère dans le foie, etc.; comme si le cœur était autre chose que l'organe central de la circulation, le foie l'organe sécréteur de la bile. Parcourez les ouvrages de philosophie, et vous vous convaincrez que ce principe n'est pas mieux adopté qu'en physiologie. En effet, nous disons que toutes nos idées, toutes nos passions, tout ce qui est intellectuel ou moral appartient au cerveau ou plutôt à l'encéphale composé du cerveau et du cervelet : donc nos idées ne nous viennent pas par les sens, comme le veulent les sensualistes, depuis Aristote ; donc elles ne sont pas l'effet des circonstances extérieures, comme l'a soutenu plus spécialement Helvétius; donc nos idées ne sont pas innées, comme l'a dit Leibnitz et son école, car ce ne sont pas des idées que nous apportons en naissant, mais des organes aptes à en fabriquer. Il ne faudrait pas même dire avec Spurzheim, que nous naissons avec des facultés. Une faculté est un être métaphysique, un être purement abstrait, et ce que nous apportons en venant au monde, ce ne sont pas des êtres abstraits, ce sont des organes (1).

Nous soutenons donc, comme nous venons de le dire, que tout ce qu'on appelle facultés instinctives, morales et intellectuelles, est une manifestation des fonctions de l'encéphale, ou, en d'autres termes, qu'il est impossible d'avoir des instincts, des penchants, des passions, des sentiments, des idées sans cerveau.

Le second principe, c'est que le cerveau n'est pas un organe simple, mais bien un ensemble, un tout composé de plusieurs organes séparés chargés chacun d'une fonction spéciale.

C'est encore là une vérité qui est bien loin d'être admise, quoiqu'elle soit démontrée par les preuves les plus irrécusables. Ainsi, à mesure qu'on s'élève dans l'échelle animale, le cerveau se complique, de nouvelles parties s'ajoutent à celles déjà existantes, et en même temps on voit surgir de nouvelles

______

(1) Il est important de faire comprendre cela par un exemple : Par le moyen des organes des sens, nous avons des sensations : ces sensations sont les fonctions de ces organes. Ainsi, la sensation de la lumière est la fonction de l'œil, la sensation des sons est la fonction de l'oreille, la contraction est la fonction des muscles. Beaucoup de physiologistes ne se contentent pas de ce fait, ils veulent y ajouter une faculté qui présiderait à l'exercice de la fonction. Ainsi, ils disent que la sensation n'a lieu que parce que l'organe jouit de la sensibilité, et que la contraction ne s'exerce qu'en vertu de la contractilité (on sait que ce sont ces propriétés qui ont servi de base à la doctrine de Bichat). Mais ce sont là de pures abstractions et dont le moindre inconvénient est d'être complètement inutiles ; car elles n'ajoutent rien à nos connaissances, peut-être même nuisent-elles à leurs progrès en faisant croire qu'elles nous donnent une explication tandis qu'elles ne sont qu'un simple mot.

Toutefois, il est bon de dire que, quelles que soient les aberrations métaphysiques de Bartès sur le principe vital, de Bichat sur les propriétés vitales, leurs ouvrages sont restés dans la science et seront toujours lus avec fruit, parce que es études physiologiques dont ils étaient nourris les ont garantis des écarts auxquels les métaphysiciens sont habituellement livrés.

fonctions : l'animal acquiert, avec de nouvelles portions cérébrales, de nouveaux instincts.

Cette grande loi de la complication de l'encéphale en raison
de l'accroissement des facultés est invariable, depuis le simple
végétal, qui n'a point de cerveau, par conséquent ni instinct
ni conscience de son existence; depuis l'animal le plus inférieur,
qui n'a d'autres fonctions cérébrales que celles de se nourrir et
de se reproduire, jusqu'à l'homme, dont le cerveau est le plus
compliqué, qui réunit toutes les facultés disséminées chez les
autres animaux, et qui, de plus, en possède de spéciales dont la
nature et l'étendue le placent à la tête de tous les autres êtres
de la création.

Une autre preuve de la plurarité des organes cérébraux, c'est
que, dans le même individu, certaine passion, certaine faculté
intellectuelle se manifestent avec beaucoup d'énergie, tandis que
d'autres n'existent qu'à un faible degré. Ainsi on peut avoir
beaucoup de mémoire et fort peu de jugement ; on peut être un
très grand peintre et un fort mauvais musicien ; un très grand
mécanicien et être complètement nul sous le rapport de la
poésie, etc., etc. Chacun a donc reçu ses dons de la nature,
c'est-à-dire, en langage phrénologique, que nous naissons avec
telle ou telle partie du cerveau plus ou moins développée, dont
l'activité nous dispose à telle ou telle fonction de la société, ce
qui constitue ce qu'on appelle les aptitudes, la vocation, le caractère ; et la même portion cérébrale ne peut pas plus être
affectée à différentes fonctions, que l'œil, par exemple, ne peut
remplacer l'oreille, le nez, la bouche, etc. Toutes ces opérations
distinctes ont besoin, pour s'effectuer, d'organes spéciaux; ce qui
fait que l'un peut être très fort, tandis que l'autre sera très faible.

S'il suffisait d'avoir un cerveau pour posséder toutes les
facultés, comment serait-il possible qu'il pût produire telle manifestation dans toute sa perfection, et telle autre d'une manière extrêmement bornée?

Si toutes nos fonctions cérébrales tenaient à un seul organe,
ne devraient-elles pas croître et décroître toutes à la fois? et
cependant quelques-unes sont spéciales à l'enfance ; d'autres ne
se manifestent qu'à l'adolescence, la plupart n'apparaissent qu'à
l'âge viril, où elles acquièrent ordinairement leur plus haut

degré d'activité ; d'autres enfin disparaissent complètement ou persistent avec plus ou moins d'énergie jusqu'à la décrépitude la plus avancée.

Si le cerveau était un organe unique chargé de toutes les fonctions de l'entendement, pourquoi, quand nous sommes fatigués de travailler sur un objet, obtenons-nous un véritable délassement en changeant le sujet de nos occupations ? Ainsi, nous pouvons entendre de la musique avec plaisir quand nos yeux sont fatigués de voir, parce que la vue et l'ouïe sont attachés à des organes différents.

Cette succession d'activité et de repos dans les fonctions est donc une preuve évidente de la *pluralité* des organes cérébraux.

Enfin, les rêves, le somnambulisme, qui ne sont autre chose que l'état de veille et d'activité de certains organes pendant que les autres dorment, les folies partielles ou monomanies et mille autres faits prouvent jusqu'à l'évidence que le cerveau n'est pas un organe simple et que la pluralité des organes est un fait qui doit être admis dans la science.

Ces organes composant l'encéphale, constitué lui-même, comme nous l'avons dit, par le cerveau et le cervelet, sont au nombre de trente-quatre.

L'étude de la manière dont ils se manifestent à la surface du crâne constitue cette partie de la science qu'on désigne sous le nom de *cranologie*. La phrénologie comprend l'ensemble de la doctrine. Disons-le en passant, ce mot rend très imparfaitement l'idée qu'on doit se former de cette science, car il signifie discours sur l'esprit, et le but de Gall et de ses successeurs n'a jamais été de discourir sur l'esprit ou sur l'âme qu'ils abandonnent aux métaphysiciens, mais bien de traiter des organes cérébraux et de leurs fonctions, ce qui constitue la phrénologie ou la physiologie cérébrale.

Pour bien nous faire comprendre, il faudrait vous donner ici l'énumération de ces organes ; mais cette énumération serait inutile si nous n'y joignions pas l'histoire de la fonction dont ils sont chargés et la sphère d'action de chacun d'eux, ainsi que l'effet de leurs combinaisons ; car il en est de ces combinaisons des organes cérébraux entre eux comme de celles des caractères de l'alphabet qui, assemblés et arrangés de différentes manières, constituent les syllabes, les mots, les phrases et expriment ainsi toutes les nuances de la pensée. Le temps que nous consacrons à cette séance rend ces détails tout à fait impossibles.

Rappelez-vous seulement que tous ces organes se divisent en trois groupes distincts : Le premier a pour fonctions les instincts ; le deuxième les sentiments; le troisième, ce qu'on appelle les facultés intellectuelles, que les instincts occupent la base du crâne et sa partie postérieure, les organes chargés des fonctions morales ou les sentiments, la partie supérieure, et enfin les organes chargés des facultés intellectuelles, la partie antérieure ou le front ; que ceux-ci se subdivisent en organes des fonctions perceptives et en organes des fonctions réflectives.

Les premiers (organes perceptifs) nous donnent la conscience des objets et de leurs qualités, telles que leur forme, leur couleur, leur nombre, etc. Ils sont chargés, en un mot, de toutes les fonctions qu'on a l'habitude d'attribuer aux sens ; comme si ces organes étaient autre chose que de simples appareils, de simples instruments destinés à transmettre au cerveau les impressions extérieures.

Les seconds (organes réflectifs) sont chargés des fonctions qui réfléchissent sur les matériaux fournis par les premiers et constituent la réflexion, le jugement, l'esprit philosophique, la raison.

Par les premiers nous avons connaissance de tout ce qui existe, de toutes les qualités des corps de la nature et de leurs phénomènes. Par les seconds nous pouvons connaître la cause et le but de ce qui existe. Ce sont spécialement ces derniers organes qui distinguent l'homme des autres animaux.

C'est de la lutte de ces trois ordres d'organes que résulte ce qu'on appelle en philosophie la *liberté morale* et le *libre arbitre*.

Supposez un être qui n'ait qu'un seul organe cérébral. Cet organe agira dans toute sa liberté et ne reconnaîtra de limite à son activité que sa satisfaction complète ou même sa lassitude. Ajoutez à cet organe unique un autre organe, et déjà vous verrez une lutte s'établir entre eux. Enfin si, au lieu de considérer ces organes isolément, nous étudions seulement les trois grands groupes dont nous avons parlé, nous verrons la même lutte établie entre eux : ce sera tantôt l'action des instincts contre-balancée par celle des sentiments ; l'organe de la propriété, celui de la destruction (1) combattu par la bienveillance, la justice, etc. D'autres fois, cette lutte sera établie entre les instincts et les organes de l'intelligence ; et alors ce sera ce qu'on appelle le jugement ou la raison qui s'opposera à une action qui pourrait être mauvaise, soit pour son auteur, soit pour autrui ; l'individu pourra réfléchir sur les conséquences de ses actions ; il aura, en un mot, la science du bien et du mal, il maîtrisera ses instincts, et, s'il ne peut pas empêcher leur *activité*, qui est souvent désordonnée dans son milieu social, il empêchera au moins leur *action* (2).

Toutefois, ce n'est pas seulement de l'activité des organes cérébraux que le phrénologiste doit tenir compte, il doit s'enquérir encore des circonstances dans lesquelles l'individu se trouve placé, ce qui constitue son milieu. Ce milieu ne crée pas les facultés, comme l'ont soutenu Helvétius, Condillac et les autres sensualistes, mais il les modifie d'une manière puissante ; l'animal lui-même en subit l'influence. Ne voit-on pas le chien de la ville avoir des habitudes moins sauvages, des allures plus policées que celui de la campagne, etc., etc. ?

Il faut donc dans toute appréciation phrénologique tenir compte de ces deux éléments : d'abord de l'*organisation*, et ensuite du *milieu* dans lequel cette organisation se trouve placée.

Passons maintenant à l'application de ces principes.

On peut les appliquer de deux manières : 1° *A priori*. Un sujet étant donné, déterminer quelles sont ses aptitudes, quel

---

(1) Besoin de locomotion ou d'activité physique, et par excès ou perversion : *Destruction*. (H. D.)

(2) L'activité d'un organe c'est la pensée ; l'action c'est cette pensée réalisée par des actes.

La loi et même l'Eglise condamnent l'action ; elles n'ont jamais condamné la pensée ou l'activité.

Chez l'animal, que nous avons supposé n'avoir qu'un seul organe, l'activité se confond avec l'action, parce que rien ne s'oppose à la manifestation de l'activité de l'organe.

est son caractère, quels sont ses talents ou ses penchants (1).
2° *A posteriori*. Un homme s'est distingué, d'une manière quelconque, par ses vices, par ses vertus ou par son génie ; trouver dans la conformation de son cerveau la raison de cette distinction.

Nous n'avons ici à nous occuper que de ce dernier ordre d'application. Nous avons à étudier la tête d'Anthelme Perrin. Voyons donc si sa forme est en rapport avec le crime pour lequel il a été condamné.

Et d'abord, que faut-il chercher quand il s'agit d'un semblable examen ?

Ici une erreur est généralement répandue ; les gens du monde et même quelques phrénologistes vont chercher l'organe de l'action, la bosse du crime, comme on l'entend répéter, jusque dans les prisons et dans les bagnes. Nous disons que c'est là une erreur déplorable, car l'action peut dépendre de beaucoup de motifs différents et, par conséquent, n'avoir plus la même signification. Est-ce la même chose qu'un vol commis par ce vagabond qui fuit le travail et qui ne cherche que les moyens de satisfaire ses penchants, ou celui qui serait commis par une mère de famille réduite à la dernière misère et dont les enfants lui demandent du pain ? Est-ce la même chose que le meurtre de Jephté, celui d'Agamemnon, d'Abraham, de Charlotte Corday, de celui qui brûle la cervelle au bandit qui est sur le point d'égorger sa femme et ses enfants ? Tous ces meurtres ne diffèrent-ils pas par leurs motifs ? Dans les uns, n'est-ce pas le motif religieux ? Dans les autres, un acte de dévouement et presque de bonté ? Dans tous enfin, le meurtre n'est pas le but, c'est un moyen ; les cas dans lesquels le meurtre est commis pour le meurtre sont heureusement rares. Papavoine rencontre deux enfants dans le bois de Vincennes, et il les tue sans que rien n'ait indiqué les motifs d'un semblable meurtre. Henriette Cor-

---

(1) Le premier genre d'application est assez simple, tant qu'on s'en tient à la recherche des organes dominants ; mais il devient des plus difficiles s'il s'agit de déterminer un talent, une action résultant de la combinaison de plusieurs organes. Dans ce genre d'application, qui est le plus commun, on a dû commettre et on commettra encore beaucoup d'erreurs, et c'est ici le cas de distinguer ce qui appartient à l'art et ce qui appartient à l'artiste.

nier fait monter dans sa chambre une jeune fille, lui coupe la tête et la jette par la fenêtre. Voilà le crime pour le crime. Hâtons-nous de dire que c'est là une véritable monomanie, quoique ces deux individus aient été condamnés par la loi.

Établissons donc bien que ce n'est pas l'organe de l'action qu'il faut chercher, mais l'organe du motif.

Arrivons maintenant à la tête d'Anthelme Perrin, et faisons-lui l'application des principes que nous venons de poser.

D'abord, nous trouvons les instincts fortement développés ; les parties latérales de la tête sont larges et bombées ; les sentiments moraux sont très faibles, la tête est en forme de toit, fortement inclinée de la partie moyenne vers les parties latérales ; les organes intellectuels sont aussi mal conformés ; les perceptifs, quoique plus saillants, sont cependant peu développés, et toute la partie supérieure du front forme une espèce de triangle qui se rétrécit rapidement jusqu'au sommet.

Ainsi cette lutte entre les différents ordres d'organes que nous avons indiquée tout à l'heure, devait avoir une issue facile à prévoir. D'après ce que nous venons de dire, cet homme, avec des penchants aussi forts, devait avoir de bien fortes tentations et peu de moyens de leur résister, soit dans ses sentiments moraux, soit dans sa raison ou ses organes intellectuels (1).

Gardons-nous de dire cependant qu'il a été entraîné irrésistiblement au meurtre ; car on conçoit parfaitement que cet homme ait pu être placé dans des conditions telles que l'idée du meurtre ne se fût pas même présentée.

Examinons donc le milieu dans lequel Perrin s'est trouvé placé.

Perrin est né dans une famille pauvre, et par conséquent qui a eu peu de moyens de soigner son éducation ; et cependant il n'est pas de ces individus qui se forment d'eux-mêmes ; la faiblesse de son intelligence aurait demandé une culture longue et

---

(1) On ne se fait pas généralement une juste idée des aberrations du jugement chez ces malheureux. Certes, on serait mal reçu en cour d'assises à présenter une semblable excuse en faveur de l'accusé, et cependant quiconque a étudié les individus qui peuplent les prisons, reste convaincu que le défaut de jugement joue un grand rôle dans les crimes dont ils se sont rendus coupables. Il était tel chez Anthelme Perrin, que plusieurs fois son avocat en a été frappé et s'est demandé s'il ne convenait pas de plaider la question d'aliénation mentale.

assidue. Perrin quitte son village encore jeune, et vient dans une grande ville où il trouve tout ce qui peut exciter ses organes instinctifs : son peu de capacité ne lui donne pas les moyens légitimes de les satisfaire ; il commet un premier vol, il est condamné et mis, à l'expiration de sa peine, sous la surveillance de la police. Cette surveillance est pénible pour lui, elle l'empêche de se placer dans les ateliers, car on a bientôt découvert ses rapports journaliers avec la police. Ces rapports portent rarement bonheur, il est renvoyé.

Il s'agit donc de sortir de cette position : il prend le parti de rompre son ban et d'aller à Paris. Chemin faisant, il rencontre un jeune ouvrier de Lyon et lie conversation avec lui ; il apprend que ce jeune homme se rend aussi dans la capitale. Ce jeune homme a sans doute de l'argent et un passe-port, et Perrin n'a ni l'un ni l'autre ; avec de l'argent il aurait plus de moyens d'échapper ; avec un nouveau passe-port il pourrait commencer une vie nouvelle; voudrait-il revenir à de meilleurs sentiments, gagner honorablement sa vie, ce passe-port le soustrait aux recherches de la police, le débarrasse de ses fâcheux antécédents et lui permet son entrée dans tous les ateliers. Voudrait-il continuer sa vie de voleur, de vagabond, ce passe-port lui en offre les moyens, puisqu'il dépiste encore les hommes de la police et qu'il échappe par lui plus facilement à ses recherches. Son pauvre jugement ne lui offre aucune objection : il ne se demande pas même si l'ouvrier, dont il convoite le passe-port, a quelque ressemblance dans son signalement avec lui ; il le conduit dans un cabaret, le fait boire à outrance; puis, la nuit étant venue, il se met en route avec lui et, en traversant le pont d'Anse, il l'assomme, s'empare du passe-port et de l'argent et jette le corps dans la rivière.

Telle est l'histoire de Perrin. Nous avons vu quelle était son organisation : voilà les circonstances dans lesquelles il s'est trouvé.

Rappelons encore ce que nous avons déjà dit : que, malgré sa fâcheuse organisation, placé dans un autre milieu, il n'aurait pas commis le crime qui lui a valu la peine capitale.

Examinons maintenant ce que nous devons penser du jugement qui l'a condamné, d'après la manière dont nous interprétons sa conduite.

Platon voulait que les rois fussent philosophes ou que les philosophes fussent rois. Nous ne faisons pas des vœux semblables pour les philosophes, mais nous supposons qu'il y ait un roi phrénologiste ou qu'un phrénologiste soit roi, et nous demandons ce qu'il ferait dans un cas semblable à celui que nous venons de rapporter.

Il ne s'agit pas ici de mettre en cause le jury ou la cour. Le jury a déclaré le fait constant ; la cour a appliqué la loi ; il n'y a donc rien à reprocher ni aux uns ni aux autres ; mais c'est cette loi elle-même qu'il faut examiner.

Et, d'abord, reconnaissons que la société a le droit de se défendre contre ceux qui lui nuisent.

Supposons donc un roi phrénologiste. Ce roi pourrait, sans doute, s'il voulait se transporter dans l'avenir, devinant un ordre social meilleur, il pourrait, dis-je, préparer une foule de changements qui, probablement, préviendraient les crimes de cette nature ; mais s'il voulait prendre la société dans l'état où elle est, et c'est à cela que croient devoir se borner les gouvernants, bien plus occupés de l'événement du jour ou de celui qui peut surgir le lendemain, que de celui qui surviendra dans la durée des siècles, il faut bien reconnaître qu'ils ne pouvaient faire autre chose que ce qui a été fait.

Perrin, phrénologiquement parlant, devait donc être condamné.

Discuterons-nous maintenant si c'était la peine de mort qu'il fallait lui appliquer? Cette discussion nous ramènerait à celle de savoir si cette peine doit être conservée. Contentons-nous de dire que les peines, en général, ont trois buts : le premier, de punir le coupable ; le second, de le corriger, et le troisième, de servir d'exemple et d'effrayer ceux qui seraient tentés de commettre de semblables crimes. Or, la peine de mort ne punit pas plus le coupable qu'une détention perpétuelle. Pour le corriger, ce ne peut être le but que des peines temporaires, et il n'est personne qui soit assez convaincu de l'infaillibilité de nos moyens de correction pour oser remettre dans la société un homme capable de se laisser aller à de semblables excès. Quant à l'exemple, il paraît que personne n'y compte plus, puisque la loi elle-même a l'air d'avoir honte et de rougir de ces exécutions ; car, au lieu de les faire, comme autrefois, sur la place la plus fréquentée, un jour de marché et avec toutes les conditions de la plus grande publicité, on les fait aujourd'hui dans le lieu le plus solitaire, à l'heure où l'on suppose qu'on aura le moins de spectateurs, et encore, après toutes ces précautions, s'applaudit-on si une pluie battante ou une averse a dispersé le peu de curieux qui auraient pu en être témoins. Si nous joignons à tout cela les sentiments de douceur et d'humanité qui prennent tous les jours plus d'empire, nous devons regretter que la peine de Perrin n'ait pas été une détention perpétuelle.

Telles sont les considérations que j'avais à vous soumettre sur la phrénologie en général et sur la tête de Perrin en particulier.

Étudiez la phrénologie, Messieurs, c'est une science pleine de vie ; si elle a peu de partisans, elle a de puissants ennemis : l'Institut lui-même ne l'a pas crue indigne de ses attaques. Ce n'est donc pas une science morte que celle qui soulève de telles oppositions. Et s'il est vrai que la connaissance de l'homme doit être la base de toutes les sciences qui ont l'homme pour objet, elle est appelée à jouer un rôle immense dans l'avenir. Elle doit remplacer la philosophie, qui peut être aujourd'hui jugée par ses œuvres et dont tout esprit exact ne peut plus se contenter.

Toutes les sciences ont eu une période mystique ou théologique. L'astronomie a d'abord été de l'astrologie, la chimie de l'alchimie, la physique de la science de sorcier ; la politique elle-même n'a-t-elle pas été la science des aruspices ! Numa consultait la nymphe Égérie.....

La philosophie est à la phrénologie ce que l'alchimie est à la chimie véritable ; elles diffèrent profondément l'une de l'autre par leur méthode comme par leur but.

Par leur méthode, car les philosophes se contentent de se renfermer dans le silence du cabinet et de se replier sur eux-mêmes.

Les phrénologistes, au contraire, recherchent les faits, parcourent les hôpitaux, les prisons, les ateliers, les écoles, les académies, etc. ; s'aident de l'anatomie, de l'étude des animaux ; ils étudient l'homme enfin dans toutes les variétés de ses manifestations cérébrales.

Elle diffère par son but : la philosophie n'en a jamais eu d'autres que l'étude de l'âme, de son origine, de sa nature, de ses facultés, de ses rapports avec la divinité, etc.

Le phrénologiste étudie le cerveau comme on étudie tous les autres organes, car ce cerveau est un organe comme tous les autres. Or, quand le physiologiste veut connaître les fonctions de l'estomac, du cœur, des poumons, etc., il ne se contente pas de se replier sur lui-même, mais il recherche par l'anatomie, par l'observation, par l'expérience le mécanisme de ces organes.

Grâce donc au génie immortel de Gall, la science de l'homme est créée. La philosophie va devenir positive, de spéculative qu'elle était ; l'alchimie va être remplacée par la chimie; en d'autres termes, la philosophie va devenir la phrénologie, ou mieux encore la physiologie cérébrale.

Étudiez donc la phrénologie, Messieurs, et par là vous rattacherez à la physiologie une des plus importantes parties de son domaine, qui n'aurait jamais dû en être séparée.

(Extrait du *Journal de Médecine*.)

Paris. — Imp. Motteroz, 54 bis, r. du Four.

www.ingramcontent.com/pod-product-compliance
Lightning Source LLC
Chambersburg PA
CBHW061615050726
47595CB00007B/2973